BEI GRIN MACHT SICH IHR WISSEN BEZAHLT

- Wir veröffentlichen Ihre Hausarbeit, Bachelor- und Masterarbeit

- Ihr eigenes eBook und Buch - weltweit in allen wichtigen Shops

- Verdienen Sie an jedem Verkauf

Jetzt bei www.GRIN.com hochladen und kostenlos publizieren

Stephan Janzyk

Die Entwicklung von Fahrwerken

GRIN Verlag

Bibliografische Information der Deutschen Nationalbibliothek:

Die Deutsche Bibliothek verzeichnet diese Publikation in der Deutschen National-
bibliografie; detaillierte bibliografische Daten sind im Internet über http://dnb.d-
nb.de/ abrufbar.

Dieses Werk sowie alle darin enthaltenen einzelnen Beiträge und Abbildungen
sind urheberrechtlich geschützt. Jede Verwertung, die nicht ausdrücklich vom
Urheberrechtsschutz zugelassen ist, bedarf der vorherigen Zustimmung des Verla-
ges. Das gilt insbesondere für Vervielfältigungen, Bearbeitungen, Übersetzungen,
Mikroverfilmungen, Auswertungen durch Datenbanken und für die Einspeicherung
und Verarbeitung in elektronische Systeme. Alle Rechte, auch die des auszugsweisen
Nachdrucks, der fotomechanischen Wiedergabe (einschließlich Mikrokopie) sowie
der Auswertung durch Datenbanken oder ähnliche Einrichtungen, vorbehalten.

Impressum:

Copyright © 2009 GRIN Verlag GmbH
Druck und Bindung: Books on Demand GmbH, Norderstedt Germany
ISBN: 978-3-656-24701-2

Dieses Buch bei GRIN:

http://www.grin.com/de/e-book/198264/die-entwicklung-von-fahrwerken

GRIN - Your knowledge has value

Der GRIN Verlag publiziert seit 1998 wissenschaftliche Arbeiten von Studenten, Hochschullehrern und anderen Akademikern als eBook und gedrucktes Buch. Die Verlagswebsite www.grin.com ist die ideale Plattform zur Veröffentlichung von Hausarbeiten, Abschlussarbeiten, wissenschaftlichen Aufsätzen, Dissertationen und Fachbüchern.

Besuchen Sie uns im Internet:

http://www.grin.com/

http://www.facebook.com/grincom

http://www.twitter.com/grin_com

Helmut – Schmidt – Universität

Universität der Bundeswehr Hamburg

Stephan Janzyk

„Die Entwicklung von Fahrwerken"

Studiengang: Bildungs- und Erziehungswissenschaften

Seminar: ISA 00320 – Dynamik von Kraftfahrzeugen

Trimester: 5. Trimester

Inhaltsverzeichnis:

1. Einleitung in das Thema

Diese Hausarbeit, verfasst im Rahmen des ISA Moduls „Dynamik von Kraftfahrzeugen", handelt über das Fahrwerk von Personenkraftwagen.

Das alltägliche Abendprogramm im Fernsehen ist gespickt mit Webeblöcken in denen Autowerbung allgegenwärtig ist. Die Marken und Hersteller liefern sich förmlich einen Kampf um die Kunden und um die beste Visualisierung ihrer Entwicklungen. Nicht all zu selten hört man dabei in einer Fernsehwerbung von neuen Innovationen oder verbesserten Techniken aus dem Bereich des Fahrwerkes. Viele Hersteller rühmen sich besonderen Fahrkomforts und Fahrsicherheit. Andere hingegen wollen Kunden mit der Sportlichkeit, bedingt durch neue Sportfahrwerke, für ihre Marke begeistern.

Hieraus resultiert der Kern dieser Ausarbeitung. Ich möchte versuchen zu klären welche Fahrwerke beziehungsweise Fahrwerkstypen es gab und gibt. Welche sind die aktuellen Modelle und was sind ihre Besonderheiten sowie Eigenschaften. Nichts desto trotz ist es von ungemeiner Wichtigkeit nicht nur das Fahrwerkssystem als Ganzes zu betrachten, sondern auch die Einzelkomponenten aufzugliedern und ihre Funktionsweise und Bedeutung zu erläutern.

Diese Arbeit ist dahingehend aufgebaut, dass anfänglich, die einzelnen Komponenten, Federung und Dämpfung, in den verschiedensten Ausführungen und Entwicklungen beschrieben werden. Im Weiteren wird auf die Kombinationsmöglichkeiten von Federung und Dämpfung auf der Grundlage der Erkenntnisse aus den ersten beiden Abschnitten der Arbeit eingegangen. In einem späteren Abschnitt gehe ich auch auf die neusten Möglichkeiten der Entwicklung ein und gebe einen Ausblick. Ziel soll es hierbei sein, zum einen die kontinuierlichen Verbesserungen in diesen Bereichen aufzuzeigen, zum anderen die Suche nach dem idealen Fahrwerk für Pkws darzustellen. Die Literatur aus und für diesen Bereich ist vielfältig. Ein Werk stach bei der Literaturrecherche jedoch besonders heraus. Das Fahrwerkhandbuch von Heißing und Ersoy aus dem Jahr 2007. Dieses fasst die Erkenntnisse aus dem Bereich der Fahrwerktechnik komprimiert und leicht verständlich zusammen. Für diese Arbeit dient es daher als primäre Quelle.

Bevor ich nun jedoch in das Thema der Federung und Dämpfung einsteige ist es meiner Meinung nach unabdingbar erst einmal eine grundlegende Definition des Fahrwerks aufzuzeigen. Dieses erfolgt im folgenden Kapitel.

2. Definition des Fahrwerks

Wie in jeder wissenschaftlichen Arbeit, ist es auch hier von Nöten, vorerst einmal eine Basis auf der Grundlage einer Begriffsdefinition zu schaffen. Ich möchte an dieser Stelle eingehend klären was ein Fahrwerk als System eigentlich ist.

Allgemein gesagt beinhaltet das Fahrwerk eines Pkws eine Reihe von Bauteilen. Diese umfassen nur um die Hauptkomponenten zu nennen, die Federung, die Dämpfung, die Räder, das Lenksystem, das Bremssystem und auch die Radaufhängung und –lagerung. Hierbei handelt es sich wie gesagt nur die Wichtigsten. Es existieren gerade heute viele weitere, auch höchst elektronische Komponenten.

„Das Fahrwerk ist die Summe der Systeme im Fahrzeug, die zum Erzeugen der Kräfte zwischen Fahrbahn und Reifen und zu deren Übertragung zum Fahrzeug dienen, um das Fahrzeug zu fahren, zu lenken und zu bremsen." (Heißing/Ersoy 2007, S. 7)

Aus dieser klar formulierten Definition ergeben sich viele verschiedene Anforderungen die an ein Fahrwerk gestellt werden. Es soll das Fahrzeug bewegen, rollen lassen, bremsen und lenken. Es soll den PKW in der vom Fahrer gewünschten Spur halten und externe Störungen wie beispielsweise Schlaglöcher oder Spurrillen kompensieren. Dementsprechend ist seine Aufgabe Schwingungen zu dämpfen und den Fahrzeugkörper abzustützen und zu federn. Im Wesentlichen soll das Fahrwerk die in der Definition beschriebenen Anforderungen auch unter widrigsten Umständen erfüllen können. Die Summe der Anforderungen und Aufgaben des Fahrwerks lässt sich in drei Begriffe zusammenfassen. Diese lauten: Fahrsicherheit, Fahrkomfort sowie Fahrdynamik. Diese drei Schlüsselbegriffe werden in dieser Arbeit durchgehend untersucht werden.

3. Die Federung

3.1. Anforderungen an eine Federung in Pkws

Bevor ich in den folgenden Kapiteln auf drei verschiedene Federarten eingehen werde, ist es zuvor unerlässlich die Anforderungen an eine Federung in einem Fahrzeug zu erklären.

Die Federung in einem Kraftfahrzeug dient hauptsächlich dem Fahrkomfort und der Fahrsicherheit. Durch das Federn des Aufbaus, der so genannten „gefederten Masse", sollen Hub-, Nick-, sowie Wankschwingungen reduziert und wenn möglich vermieden werden. Darüber hinaus schützt das Federsystem vor Stößen, die beispielsweise durch Fahrbahnunebenheiten hervorgerufen werden können. *„Nickt" ein Fahrzeug beim Überfahren von Bodenwellen nicht, sondern schwingt parallel ein und aus, so ist ein guter Federungsausgleich vorhanden"* (Reimpell/Betzler 2000, S. 317). Weiterhin dient die Federung dazu, die Bodenhaftung der Räder zu der Fahrbahn sicherzustellen. Die Kombination dieser Eigenschaften bietet dem Fahrer bei geringen Hub-, Nick- und Wankbewegungen einen hohen Fahrkomfort, trägt aber ebenso zu einer verbesserten Fahrsicherheit bei. Ein ruhigerer Fahrzeugaufbau, welcher über eine gute Bodenhaftung der Räder verfügt, lässt sich dementsprechend leichter steuern und besser kontrollieren. (Heißing/Ersoy 2007, S. 226)

Das Hauptziel einer Federung ist, über die Sicherstellung der Fahrsicherheit hinaus, auch ein möglichst gleich bleibenden Fahrkomfort zu gewährleisten. Hierbei sind natürlich auch die unterschiedlichen Beladungszustände eines Fahrzeugs zu berücksichtigen. (Braesser/Seifert 2001, S. 474f) Lässt sich also ein absolut sicheres Fahrzeug bauen, welches in gleichem Maße komfortabel ist? In gewisser Weise überschneiden sich wie angesprochen die Bereiche der Fahrsicherheit und des Fahrkomforts, jedoch gilt dies nur bis zu einem bestimmten Punkt.

Für die Fahrsicherheit bei hohen Kurvengeschwindigkeiten ist ein tendenziell härter gefedertes Fahrzeug besser einzustufen als ein rein auf Komfort und dementsprechend weicher gefedertes Kfz. Die Wankbewegungen sind aufgrund des oft höheren Schwerpunktes bei auf Komfort ausgelegten Fahrzeugen höher.

Die Gefederte Masse liegt weiter von der Straße entfernt, die Massenträgheit lässt sich in Kombination mit der tendenziell weicheren Federung bei hohen Geschwindigkeiten nicht mehr ausgleichen. Dies beeinträchtigt die Fahrsicherheit. Dieses Beispiel zeigt, die *„Abstimmung passiver Fahrwerke stellt einen Kompromiss zwischen Fahrsicherheit und Fahrkomfort dar.“* (Verein Deutscher Ingenieure, Kaus/Schöner 2003, S. 201)

3.2 Blattfedern

Blattfedern gelten heute als eine alte, jedoch immer noch aktuelle Möglichkeit von Federung, die, angefangen mit Kutschen, ihre Verwendung auch in Kraftfahrzeugen findet. Heutzutage findet man die Blattfeder in der modernen Fahrzeugtechnik nur noch in großen Nutzfahrzeugen und Aufliegern.

Blattfedern gelten nichts desto trotz als robust und zuverlässig, darüber hinaus sind sie kostengünstig zu produzieren. Die Funktionsweise der Blattfeder ist wie ihre Bauart einfach. Mehrere, im nicht belasteten Zustand gebogene Blattfedern werden dabei übereinander geschichtet und durch Klammern verbunden. An beiden Enden sind die Federn fest mit dem Aufbau des Fahrzeugs verbunden. Bei Belastung werden die Federn an den Enden herab gedrückt. Durch die Materialsteifigkeit der Blattfedern, drücken diese sich in ihre gebogene Ausgangsform zurück. (Heißing/Ersoy 2007, S.227)

Da die mehrfach geschichtete Blattfedern, im Vergleich zu beispielsweise Schraubenfedern, nur unwesendlich nachfedern, unterstützen sie die Stoß- (Schwingungs-) Dämpfer.

„Die schwingungsdämpfende Eigenschaft infolge der Reibung zwischen den einzelnen Federblättern ist einerseits von Vorteil, andererseits aber wegen des damit verbundenen Verschleißes auch von Nachteil.“ (Meissner/Wanke 1988, S.214)

Warum jedoch hat sich die einfach und robust konstruierte Blattfeder als Standartfederung in Pkws nicht durchsetzen können? Der Hauptgrund hierfür liegt in der oben angesprochenen Reibung zwischen den einzelnen übereinanderliegenden Federn.

Die Reibungskraft zwischen ihnen muss erst überwunden werden, bevor sich die Blattfedern durch die einwirkende Kraft verformen. Liegt die Kraft, beispielsweise hervorgerufen durch ein Schlagloch, unterhalb dieser aufzubringenden Reibungskraft zwischen den Blattfedern, wird ein Stoß ungefedert an den Fahrzeugaufbau weitergegeben. Diese Eigenschaft widerspricht der Idee einer modernen, komfortablen Federung in einem Pkw. Um die Reibungskräfte in Grenzen zu halten, muss die Feder zudem regelmäßig geölt oder gefettet werden und ist somit wartungsaufwendig. Dies ist bei anderen Federungen welche heute verwendet werden nicht der Fall. Die Blattfeder hat sich folglich als zu wenig flexibel und zudem noch wartungsintensiv erwiesen. Ihre positiven Eigenschaften können diese Mängel nicht aufwiegen. (Henker 1993, S. 213)

3.3 Drehstabfedern

Eine weite Möglichkeit ein Personenkraftwagen zu federn besteht in der Verwendung einer Drehstabfeder. Diese finden im Fahrzeugbau seit Langem Verwendung. Aller Welt bekannte Fahrzeuge, welche mit Drehstabfedern ausgestattet wurden sind beispielsweise der VW Käfer sowie bereits die frühen Modelle des Porsche 911. Das Abrufen der Federwirkung basiert bei Drehstabfederungen auf der Kraft, die zur Überwindung eines Torsionsmoments notwendig ist. Der Aufbau einer Drehstabfeder ist prinzipiell einfach, wobei im Folgenden auch unterschiedliche Bauarten unterschieden werden.
In der Regel ist bei einer Drehstabfeder ein Ende der Federung fest am Fahrzeug befestigt. Das andere Ende der Feder ist beweglich, also drehbar gelagert. Zwischen beiden Enden befindet sich der Torsionsstab. Die Federwirkung wird bei Drehstabfedern mittels der Materialsteifigkeit des Torsionsstabs erzielt. Der Torsionsstab wird bei einwirkender Kraft in sich verdreht, gelangt jedoch durch die angesprochene Materialsteifigkeit wieder in seine Ausgangsposition zurück. (Heißing/ Ersoy 2007, S. 230)

In der Praxis werden für diese Art von Federung mehrere Formen unterschieden. Am gängigsten sind bezogen auf die Ausformungen des Torsionsstabes zum einen der kreisförmige Querschnitt und zum anderen ein rechteckiger Querschnitt. In diesem Fall spricht man auch von Torsionsbändern. (Meissner/ Wanke 1988, S. 185)

Ein weiteres Merkmal des Aufbaus von Drehstabfedern ist, dass diese sich als sehr flexibel im Einbau und Gebrauch erwiesen haben. Um Platz zu sparen, ist es üblich die Torsionsstäbe zu bündeln und auf diese Weise auf geringem Raum eine stärkere Federung mit hoher Materialsteifigkeit verbauen zu können. Diese Eigenschaft macht die Drehstabfeder für den Fahrzeugbau besonders interessant, da kein Platz für Federholme verschenkt werden muss. Weiniger üblich ist bei Drehstabfedern die „Reihenschaltung". Diese ermöglicht einen größeren Federweg. (Heißing/ Ersoy 2007, S. 230) Die Verwendung von Torsionsbändern, also Torsionsstäbe mit rechteckigem Querschnitt, bietet neben einer einfachen Bündelung mehrerer Bänder zu einem festen Torsionsband den Vorteil, dass die Reibungskräfte zwischen den einzelnen rechteckigen Bändern eine schwingungsdämpfende Wirkung haben. Um einem zu hohen Verschleiß vorzubeugen bedarf es jedoch einer aufwendigen Vorbehandlung der Materialien. Besonderes Augenmerk ist bei dieser Art der Federung auf die Enden und Aufnahmepunkte zu legen. Die verdickten Endungen werden in vier- oder sechseckiger Form, oder aber mit einer Kerbverzahnung, in Ihre Aufnahmen dafür eingefügt. Dies hat den Hintergrund, dass eine feste Aufnahme und somit eine Reduzierung der Torsionskräfte in diesem Bereich verringert werden soll.

Für die Verarbeitung ist es weiterhin äußerst wichtig, dass alle Bereiche des Drehstabes eine gleich hohe Lebensdauer aufweisen müssen. Dies gilt sowohl für die Köpfe, den Drehschaft und gerade besonders für die Übergänge. (Meisser/Wanke 1988, S.185-187)

„Das hohe Arbeitsaufnahmevermögen dieser Feder und die leicht zu realisierende Nachstellbarkeit der Feder sind ihre wesentlichen Vorteile" (Henker 1993, S. 230)

Mit Nachstellbarkeit ist in diesem Fall gemeint, dass der Federweg bei einer Drehstabfeder leicht und manuell vom Fahrer selbst auf seine individuellen Bedürfnisse eingestellt werden kann.

Mittels eines Gewindes an einem Ende des Torsionsstabes lässt sich die Hebelwirkung, welche auf den Stab einwirkt verringern oder erhöhen. Eine härtere beziehungsweise weichere Federung ist die Folge. Dennoch hat sich die Drehstabfeder nicht dauerhaft bei allen Fahrzeugen bewähren können. Der Schwerpunkt heutzutage liegt deutlich bei den, im folgenden Abschnitt behandelten Schraubendruckfedern.

3.4 Schraubendruckfedern

Nachdem ich zuvor die Blattfeder und Drehstabfeder vorgestellt habe, bleibt nun jedoch die Frage offen, welche Federart heute in allen gängigen Personenkraftwagen eingebaut wird. Dies ist die Schraubendruckfeder. Sie ist heutzutage die dominierende Federart im Fahrzeugbau und dient als Feder, die ihren Einsatz besonders in der Vertikaldynamik hat. Vom Grundprinzip her ist die Schraubendruckfeder der sehr Drehstabfeder ähnlich. Sie lässt sich daher als eine Art schraubenförmiger Drehstab in Form eines Zylinders beschreiben. Obwohl die Schraubendruckfeder so dominant ist, weist sie auch einige Schwächen gegenüber den zuvor benannten Federarten auf. Die Schraubendruckfeder hat weder Radführungseigenschaften noch schwingungsdämpfende Eigenschaften. Sie ist rein auf die Federfunktion beschränkt. Die Urform der Schraubendruckfeder weist einen weiteren erheblichen Nachteil auf.

Bei dieser Urform ist zu beachten, dass die Windungsabstände der gewundenen Schraubendruckfeder, genau so wie der Drahtdurchmesser konstant sind. Die sich unter Belastung der Feder ergebende Federkennlinie ist somit linear verlaufend. Das Federgewicht ist vergleichsweise hoch und die Feder nutzt sich bei Belastung an den Berührungspunkten ab. Dies wird modernen fahrzeugtechnischen Ansprüchen nicht gerecht. (Heißing/Ersoy 2007, S. 239/240)

„Die Verwirklichung der Forderung nach Leichtbau, Verbesserung des Fahrkomforts, Reduzierung der Standhöhenunterschiede bei verschiedenen Belastungen und nach Aufnahme von Stoßbelastungen mit weitgehend nutzlastabhängigem Federverhalten führte zum Einsatz von Schraubendruckfedern mit progressiver Kennlinie.“ (Meissner/Schorcht 1997, S. 256)

Was macht eine progressive Kennlinie aus und welche weiteren Vorteile bieten Federn, die nach diesem Modell gebaut werden?

Ziel der Entwickler war es, eine Feder zu konstruieren, welche sich individueller gestaltet, als es bei dem Urmodell der Schraubendruckfeder der Fall gewesen war. Es wurde nach einer Möglichkeit gesucht eine Feder unter Belastung erst hart und bei zunehmender Belastung dennoch weich federn zu lassen. Die Versuche mit zwei oder mehreren Federn durch Ineinanderstecken zu kombinieren, brachte neben einem hohen Gewicht auch einen zu großen Durchmesser als weiteren Nachteil mit sich. Die letztendliche Lösung für das Problem lag in einer Schraubendruckfeder, welche einen an den Enden dünner werdenden Federdraht und ebenfalls eine an den Enden höher werdende Windungszahl aufwies. Durch diese Überarbeitung und Neukonstruktion des Urmodells erlangte die Schraubendruckfeder ihre heutige Dominanz. Die überarbeitete Feder legte sich unter Belastung nicht wie bisher aufeinander. Sie wurde so umkonstruiert, dass die Drähte sich ohne Berührung ineinander legen können. Diese Lösung bietet eine leichte Bauweise, da weniger Material an den Federenden verbaut werden muss. Darüber hinaus ist sie durch das Wegfallen der Berührungspunkte unter einer Belastung weniger verschleißanfällig als vorher. Durch die überarbeiteten Federenden ist die Feder als progressiv, bezogen auf die Federkennlinie, anzusehen. (Heißing/Ersoy 2007, S.240/241).

Auch die überarbeitete Schraubendruckfeder ist jedoch nicht gänzlich frei von Nachteilen. Es bleibt zu kritisieren, dass die einzelnen Federsegmente, der in den Windungsabständen variablen Feder, bei einer bestimmten Belastung übermäßig belastet werden. Diese Kritik ergibt sich aus der Feststellung, dass lediglich der Form und Festigkeit der Schraubendruckfeder nach geeignete Teil, die gesamte Belastung zu tragen hat. Die anderen Federteile erfahren somit erst eine Belastung, sobald die auf die Feder wirkende Kraft groß genug dazu ist.

Im Urmodell wurde die Kraft auf die gesamte Feder verteilt. (Henker 1993, S. 227) Anzumerken bleibt jedoch, dass trotz der verbesserten Entwicklung der Miniblockfeder die traditionelle Urform der Schraubendruckfeder weiterhin heute Verwendung findet.

4. Die Dämpfung

4.1 Anforderungen an die Dämpfung in Pkws

Wie schon in der Einleitung kurz angesprochen ist das Dämpfungssystem im modernen Personenkraftwagen von enormer Wichtigkeit. Dieses Kapitel befasst sich mit Schwingungsdämpfern, welche heute in jedem Auto zu finden sind. Oft werden diese fälschlicherweise in der Allgemeinsprache als Stoßdämpfer bezeichnet. Warum diese Bezeichnung falsch ist ergibt sich aus den Aufgaben der Schwingungsdämpfer. Die Anforderungen welche an diesen gestellt werden sind zum einen, ein Aufschaukeln und Nachschwingen der gefederten Masse, also des Aufbaus, abzuschwächen, ja sogar wenn möglich zu verhindern. Weiterhin sollen die Schwingungen des Rades möglichst schnell zum Abklingen gebracht werden. Ein stabiles, nicht nachschwingendes Rad hat dementsprechend eine bessere Bodenhaftung, sowie eine verbesserte Spurfähigkeit und Bremswirkung. (Heißing/Ersoy 2007, S. 266/267)

Als Ergebnis daraus wird nicht zuletzt die mögliche „sicher zu fahrende Geschwindigkeit" des Kraftfahrzeuges erhöht. Diese zwei wesentlichen Anforderungen, welche den Ingenieuren in Bezug auf das Verhalten von Aufbau und Rädern an die Schwingungsdämpfer gestellt werden, lassen den Konflikt zwischen Sicherheit und Fahrkomfort erneut deutlich werden. Hauptsächlich besteht der Konflikt darin, dass Rad ruhig auf der Fahrbahn und zeitgleich den Aufbau komfortabel zuhalten. Das Ruhighalten des Fahrzeuges bedarf dabei einer tendenziell härteren Auslegung der Schwingungsdämpfer. Der ideale Schwingungsdämpfer für ein komfortables Fahrzeug ist ein eher weich eingestellter Dämpfer. (Reimpell/Betzler 2005, S. 334)

Weiterhin „[...] ist der Dämpfungsbedarf für gute und schlechte Straßen, für langsame und schnelle Fahrt, für das leere und das voll beladene Fahrzeug stark unterschiedlich." (Krettek 1992, S.233)

Der Zusammenhang zum Abschnitt „Federung" dieser Arbeit und die damit verbundene notwendige enge Abstimmung zwischen beiden Elementen, Dämpfung und Federung, werden hier, durch die ähnlichen Anforderungen an die Systeme, deutlich. Auf die Unterschiede zwischen den beiden sich aus den tendenziell harten und den eher weichen Schwingungsdämpfern ergebenden Fahrwerksabstimmungen und die zahllosen Kompromisse welche eingegangen werden müssen, wird in Zusammenhang mit der im Kapitel 3 angesprochenen Federung im späteren Verlauf der Arbeit eingegangen. Weiterhin sei an dieser Stelle auf die Wichtigkeit intakter Schwingungsdämpfer auch in modernen Fahrzeugen hingewiesen. Für elektronische Systeme wie ABS und ESP sind funktionsfähige Schwingungsdämpfer insofern von Bedeutung, als dass durch fehlenden Bodenkontakt, welcher durch schadhafte oder defekte Dämpfer verursacht werden kann, ein falsches Signal an die Elektronik die Folge sein kann. Das Steuergerät des ESP oder ABS Systems geht in diesem Fall von neuwertigen Dämpfern aus und richtet ihre Maßnahmen somit bei defekten Schwingungsdämpfern, als Konsequenz eines falschen elektrischen Signals, falsch aus.

Dies kann das Fahrzeug trotz neuster Sicherheitselektronik unberechenbar werden lassen. (Reimpell/Betzler 2005, S. 334)

In den folgenden Abschnitten werden zwei gängige Varianten der Schwingungsdämpfer vorgestellt, welche für den Fahrzeugbau heute am bedeutendsten sind.

4.2 Zweirohrdämpfer

Der heute am weitesten verbreitetste und verwendetste Dämpfer ist mit Abstand der Zweirohrdämpfer.

Bedingt durch die Konstruktion welche zwei Rohre beinhaltet, hat der Zweirohrdämpfer zwei Räume.

Zum einen den Arbeitsraum, welcher vom Arbeitszylinder abgegrenzt wird, zum anderen den Ölvorratsraum. Für die Beschreibung der Abläufe in beiden Räumen des Dämpfers beginne ich mit der Beschreibung des Arbeitsraums. Der Arbeitsraum ist komplett mit einem eigens für Stoßdämpfer entwickeltem Öl gefüllt. In ihm bewegen sich Kolben und Kolbenstange. Der Ölvorratsraum ist nur zur Hälfte mit diesem Öl gefüllt. Die andere Hälfte ist mit unter Druck stehendem Gas befüllt. Der Druck beträgt hierbei zwischen 6 und 8 Bar. (Heißing/Ersoy 2007, S. 270) Die Funktion des Zweirohdämpfers wird jedoch erst bei der Betrachtung der verbauten Ventile deutlich. Vereinfacht ausgedrückt funktionieren sowohl das Bodenventil, als auch das Kolbenventil, auf die gleiche Weise. Beide verfügen über je zwei nur einseitig durchlässige Öffnungen, die zum Flüssigkeitsausgleich im Arbeitsraum dienen. Erfährt das Fahrzeug und somit der Dämpfer eine Druckbewegung, wird durch das Zusammenstauchen des Dämpfers über die Befestigungsgelenke, die Kolbenstange in den Arbeitsraum hineingedrückt. Das nun größere Volumen der Stange im Arbeitsraum drückt einen Teil des Öls aus dem Arbeitsraum hinaus. Die Geschwindigkeit des Herausdrückens wird hierbei durch die Ventile im Kolbenventil reguliert. Erfährt der Dämpfer eine Zugbelastung ist das Bodenventil das Entscheidende.

Das nun geringere Volumen der Kolbenstange im Arbeitsraum erfordert den Ausgleich des Öls mittels des Ölvorratsraums. Die Aufgabe der Ventile ist somit den Öldurchlauf zu regulieren und die Bewegung des Dämpfers zu bremsen. *„Konstruktiv sichergestellt sein muß, dass das den Arbeitsraum bis obenhin füllende Öl bei stehendem Fahrzeug nicht in den Ausgleichsraum zurückfließen kann [...] und außerdem Flüssigkeit den beim Zusammenziehen des Öls freiwerdenden Raum wieder füllt."* (Reimpell 1983, S. 29) Der angesprochene Ölvorratsbehälter ist dementsprechend nur zur Hälfte mir Öl gefüllt, da das Öl zum einen unter Druck stehen muss um bei einer Zugbelastung des Dämpfers rasch in den Arbeitsraum zu gelangen. Zum Anderen ist er mit nicht weniger als der Hälfte mit Öl befüllt, da bei Temperaturschwankungen nur so sichergestellt werden kann, dass keine Luft in den Arbeitsraum gelangt und das Öl bei Volumenzunahme einen gewissen Ausgleichsraum hat. Ein Eintreten dieses hätte eine Fehlfunktion des Dämpfers zur Folge, die sich durch Poltergeräusche bemerkbar machen würde. Die Leistung des Dämpfers wäre somit dann beeinträchtigt. (Reimpell/Betzler 2000, S. 338)

Neben den variierenden Außentemperaturen wird die Öltemperatur im Dämpfer maßgeblich durch die entstehende Reibung beim Durchlauf des Öls durch die Ventile beeinflusst. Die erhöhte Öltemperatur hat eine Volumenvergrößerung zur Folge, was wiederum den Druck im Dämpfer erhöht. Eine Kühlung des Öls erfolgt lediglich über die Außentemperatur und den entstehenden Fahrtwind. „Zweirohrdämpfer stellen [...] nicht so hohe Anforderungen an die Fertigung, bauen kürzer und haben bei Verwendung in Pkw, Kombinations- und Nutzkraftwagen den Vorteil einer nicht sonderlich aufwendigen Kolbenstangendichtung." (Reimpell 1983, S. 36)

Zu beachten ist dennoch, dass bei Nutzfahrzeugen der Durchmesser der Kolben aufgrund der höheren Gewichtsbelastungen größer konstruiert werden muss. Um eine hohe Langlebigkeit zu gewährleisten ist bei der Verarbeitung besonders auf die Dichtungen und eine harte, sowie glatte Kegelstange zu achten. (Reimpell 1983, S. 36) Dennoch ist wie schon eingangs erwähnt, der Zweirohrdämpfer das in Kfz gängige Schwingungsdämpfermodell.

4.3 Einrohrdämpfer

Der in diesem Abschnitt beschriebene Einrohrdämpfer ist von seiner Funktion wesentlich einfacher konstruiert als der Zweirohrdämpfer. Dennoch halte ich eine Visualisierung des Einrohrdämpfers an dieser Stelle notwendig.

Die Trennung von Öl und Gas erfolgt hier durch einen beweglichen Trennkolben. Die Dämpfungsventile befinden sich im Kolben, welcher wie beim Zweirohrdämpfer von der Kolbenstange durch den Arbeitsraum bewegt wird. Anders als beim Zweirohrdämpfer geschieht sowohl die Reaktion auf Zug- wie auf Druckbelastungen ausschließlich in dem Arbeitskolben. Bei Zugbelastungen und der damit verbundenen Verringerung des Volumens der Kolbenstange im Arbeitsraum, dehnt sich das unter hohem Druck (25 bis 30 bar) stehende Gas aus und verschiebt den Trennkolben um das frei gewordene Volumen nach oben. Bei Druckbelastungen wird das ohnehin schon unter hohem Druck stehende Gas zusätzlich komprimiert. (Heißing/Ersoy 2007, S. 271)

An dieser Stelle wird deutlich, dass die Dichtungen im Trennkolben wesentlich besser verarbeitet sein müssen, als es bei den Dichtungen im Zweirohrdämpfer der Fall ist. Der Trennkolben ist so konzipiert, dass bei höherem Druck seine abdichtende Eigenschaft zunimmt. Hohe Temperaturen erhöhen ebenfalls wie beim Zweirohrdämpfer den Druck im Arbeitsraum massiv. Das Kolbenventil arbeitet wie die Ventile des Zweirohdämpfers mit der Aufgabe die Durchlaufmenge des Öls zu regulieren und somit das Ein- und Ausfedern des Fahrzeugs zu kontrollieren.

Jedoch welche Vorteile hat der Einrohrdämpfer gegenüber dem Zweirohrdämpfer? Aufgrund des hohen Drucks im Innenraum kann der Einrohrdämpfer viel sensibler auf bereits kleinste Stöße reagieren. Einrohrdämpfer können schlanker gebaut werden, sind dafür meist länger als Zweirohrdämpfer. Durch die weniger verschachtelte Bauweise des Einrohrdämpfers, kann der Fahrtwind den Arbeitsraum des Dämpfers direkter und somit besser kühlen. Einer weiteren Druckerhöhung wird somit vorgebeugt.

Durch die zwei Kammern und deren Konstruktion im Zweirohrdämpfer, kann dieser nicht in Schräglage verbaut werden, da das Öl in den Luftraum fließen würde. Ein Einrohrdämpfer besitzt jedoch nur eine Arbeitskammer. Hier ist es unmöglich, dass sich Öl und Gas vermischen. Durch den konstant hohen Druck im Arbeitsraum ist es somit bei Einrohrdämpfern fast ausgeschlossen, dass es wie bei Zweirohrdämpfern zum Verschäumen des Öls durch Luftblasenbildung kommt. (Reimpell 1983, S. 39/40)

„Da aber höhere Forderungen an die Genauigkeit der an der Abdichtung beteiligten Teile gestellt werden müssen und die Montage zusätzlich einen Arbeitsgang erfordert [...] sind sie teurer" (Henker 1993, S. 261)

Dies beschreibt treffend die wirtschaftlichen Nachteile, die dazu führten, dass sich der Einrohdämpfer nicht gegen den Zweirohrdämpfer hat durchsetzen können.

5. Feder-Dämpfer-Kombinationen

In den zuvor gehenden Kapiteln wurde auf die Federung und die Dämpfung in einer Einzelbetrachtung eingegangen. Wie jedoch hoffentlich aus den bisherigen Formulierungen hervorgeht, lassen sich Federn und Dämpfer in der Fahrwerkstechnik nicht als Einzelkomponente betrachten. Das Zusammenspiel beider ist entscheidend und von essenzieller Bedeutung. In der ursprünglichen, teilweise immer noch gängigen Bauweise, sind Federn und Dämpfer zwar meist sehr nahe beieinander gelegen, jedoch baulich getrennt. Dieser Abschnitt befasst sich mit der modernen fixen Verbindung von Feder und Dämpfer zu einem Bauteil.

Bei der Kombination der beiden Systeme ist zwischen Federträgern und Federbeinen zu differenzieren. *„Federträger sind Dämpfer, die zusätzlich zu ihrer Hauptfunktion, der Schwingungsdämpfung, auch Federkräfte übertragen."* (Heißing/Ersoy 2007, S. 272)

Federträger zeichnen sich vor allem durch eine sehr kompakte und effiziente Bauweise aus. Durch die zusätzliche Belastung welche durch die Übernahme der Aufgaben der Feder auftreten, ist jedoch eine verstärkte Bauweise immer mehr von Nöten. Problematisch bei den Federträgern ist die Komfortminderung, die durch verstärkte Reibungen am Bauteil auftreten kann. Zusätzliche Neukonstruktionen werden somit nötig. Dieses lässt das Konzept des Federträgers unattraktiv werden.

Dieser Mangel wurde bei der Entwicklung von neuen Federbeinen berücksichtigt. Exemplarisch für moderne und aktuelle Federbeine greife ich an dieser Stelle das McPherson-Federbein heraus.

Was zeichnet diese Art der Federbeine aus und wo liegen die Unterschiede zum Federträger?

Die markantesten Eigenschaften des McPherson-Federbeins sind zum einen der Federteller, welcher sich an der Unterseite der Feder befindet und diese führt. Zum anderen ist das McPherson-Federbein zusammen mit den Querlenkern für die Radführung verantwortlich. Es besteht eine feste direkte Verbindung vom Federbein zum Radsystem.

„Heute wird diese Ausführung Federbein, radführend genannt bzw. Dämpferbein, radführend, wenn die Schraubenfeder entfällt und lediglich die verstärkte Kolbenstange dazu dient, Kräfte in seitlicher und Längsrichtung aufzunehmen." (Reimpell 1983, S. 135)

Ähnlich wie beim Federträger muss jedoch auch beim Federbein erhöhtes Augenmerk auf die Festigkeit der Materialien gelegt werden. Das McPherson-Federbein muss neben der lenkenden Eigenschaft auch noch Bieg-, Zug- und Druckkräfte welche auf das Fahrzeug wirken aufnehmen. Das McPherson-Federbein stellt somit eine Art Multifunktionsbauteil dar. Durch seine verschiedensten Aufgaben hebt es sich deutlich von einem einfachen Federträger ab, wenn gleich der Gedanke des Federträgers sich im McPherson- Federbein wieder findet. (Heißing/Ersoy 2007, S. 273)

6. Moderne Fahrwerke und Fahrwerke in der Zukunft

In diesem letzten Abschnitt meiner Ausarbeitung mochte ich nun noch ein wenig von modernen und zukünftigen Fahrwerksystemen schreiben. Die Frage welche sich hier auftut, ist die, ob es überhaupt nach der Betrachtung des ausgereiften McPherson – Federbeins, eine noch komfortablere und besser Möglichkeit gibt, ein Personenkraftwagen zu federn und zu dämpfen.

Das Abstimmungsproblem welches zwischen einer Komfortbetonung und einem sportlichen, harten Fahrwerk existiert wurde bereits in den ersten Abschnitten dieser Arbeit deutlich beschrieben. Zusammenfassend sei hier wiederholt, dass ein Fahrwerk entweder sportlich oder komfortabel abgestimmt werden kann. Beides geht nicht. Meistens finden Konstrukteure jedoch den Kompromiss zwischen beiden. Eine Möglichkeit den Mittelweg zwischen Sportlichkeit und Komfort zu überwinden ist der Einsatz einer regelbarer Dämpfungen im Fahrzeug. Der Entwicklung von regelbaren Dämpfungen liegen zwei Erkenntnisse zugrunde. Zum einen die Einsicht, dass eine geringe Dämpferkraft eine verminderte Aufbaubewegung und somit einen höheren Komfort bedeutet. Zum Anderen, dass eine hohe Dämpferkraft zu verminderten Radlastschwankungen und somit zu mehr Sicherheit führt.

Dies vermittelt zudem ein sportlicheres Fahrgefühl. Neu ist bei den regelbaren Dämpfern, dass der Fahrer selbst während der Fahrt per Knopfdruck zwischen einer komfortablen und einer sportlichen Fahrwerksabstimmung frei wählen kann. Dies funktioniert mittels verschiedener Stellmotoren, welche an den Kolbenstangen der Dämpfer angebracht sind. Diese Motoren variieren den Durchströmquerschnitt der Ventile im Dämpfer. Somit lässt sich zwischen harten und weichen Abstimmungen hin- und herschalten. (Henker 1993, S. 262-264)

Diese Art der einstellbaren Dämpfung wird als semiaktive Dämpfung bezeichnet. Sie erreicht ohne Energiezufuhr, abgesehen von dem Strom für die Motoren, eine Begrenzung der Aufbaubewegungen oder eine der Radlastschwankungen. Dieses System ist jedoch noch nicht perfekt ausgereift, da lediglich zwischen den Einstellungen Komfort und Sport gewählt werden kann.

Ziel der Entwickler ist es jedoch die kontinuierliche Anpassung des PKW - Fahrwerks an die Fahrbahnzustände, sowie an die Reaktionen des Fahrers zu gewährleisten. Zudem ergaben sich bei semiaktiven Dämpfungen Probleme in den Bereichen: Größe/Gewicht, Stromverbrauch und Dynamik. Das System stellt somit wieder nur, wenn gleich auch einen höherwertigen, Kompromiss dar.

Diese Feststellungen führten zu neuen Vorstellungen. *„Eine Dämpferregelung könnte z.B. so aufgeführt sein, dass sie ein Brems- oder Lenkungssystem durch die Optimierung der Radaufstandskraft in kritischen Fahrsituationen unterstützt und dabei die Komfortorientierung völlig außer Acht gelassen wird."* (Heißing/ Ersoy 2007, S. 284)

So könnte ein modernes Feder-Dämpfer-System beispielsweise mit dem ESP - Steuergerät des Pkws zusammenarbeiten. Das entsprechende Fahrwerk wäre in seiner Abstimmung grundsätzlich auf Komfort ausgelegt. Lediglich beim Bremsen, schnellen Spurwechseln oder beim schnellen Kurvenfahrten wird auf einen härteren, sportlichen Modus automatisch umgeschaltet. Der Fahrer hat jedoch dann keine eigenen Einstellmöglichkeiten mehr. Die beiden aufgeführten Möglichkeiten das Fahrwerk unterschiedlichsten Bedingungen anzupassen beziehen sich im Wesentlichen auf die Stoßdämpfer. Eine andere Neuerung könnte es jedoch sein, die Federung beispielsweise stärker in den Fokus der Verbesserung zu rücken. Diese Idee wendet sich von der schon bekannten und von mir im Kapitel 3 dieser Ausarbeitung beschriebenen Stahlfederung ab.

Der Gedanke ist eine Federung, welche ausschließlich durch den Einsatz von Luft funktioniert. Ähnlich einem Schwingungsdämpfer wird hierbei die Luft in einem Kolben elektrisch unter Druck gesetzt. Die Federung funktioniert dann somit über das Ein- und Ausströmen beziehungsweise Ein – und Auspressen der Luft aus dem Kolben und den damit in Verbindung stehenden Widerständen. Im Mittelpunkt steht bei diesem System die regelnde Elektronik (Verein Deutscher Ingenieure, Kaus/Schöner 2003, S. 201-203)

Die Firma Bose, welche weltweit für die Entwicklung und Herstellung von Audiosystemen bekannt ist, hat in diesem Zusammenhang das vielleicht derzeit modernste Fahrwerk entwickelt. Hier wird jede Bewegung des Fahrwerks durch Elektromotoren ausgeglichen. Im Falle einer Zugbewegung drückt das Fahrwerk das Rad nach unten und verlangsamt es nicht also nur, wie es konventionelle Schwingungsdämpfer tun.

Beim Auftreten einer Druckbewegung wirkt das Fahrwerk entsprechend umgekehrt wieder dagegen. Mit diesem System lassen sich Aufbaubewegungen gänzlich vermeiden. Eine Serieneinführung dieses Systems ist laut Bose jedoch nicht zu erwarten.

Es „[...] *muss nach über 100 Jahren Automobilentwicklung doch zur Kenntnis genommen werden, dass das weitere Entwicklungspotential des Fahrwerks mit konventionellen Elementen keine Chance für kundenrelevante Durchbruchsinnovationen mehr erkennen lässt.*" (Braesser/Seifert 2001, S. 485f) Dieses Zitat schildert wahrscheinlich den zukünftigen Weg der Fahrwerksentwicklung im Personenkraftwagenbau. Bereits die zuvor beschriebene Luftfederung zeigt, dass die altbewährten Arten der Federung in der Zukunft nicht länger mehr von großer Bedeutung sein werden.

6. Schluss

Als Ziel für diese Ausarbeitung setzte ich es mir, die kontinuierliche Entwicklung gepaart mit Verbesserungen am Fahrwerk eines Pkws aufzuzeigen. Der modere Automobilbau und somit auch das Fahrwerk können gemeinsam auf eine lange erfolgreiche Geschichte zurückblicken.

Angefangen mit der Übernahme der simpel aber effektiv gebauten Blattfedern aus Pferdekutschen bis hin zum voll elektronisch geregelten Fahrwerk welches hohen Fahrkomfort in jeder Straßenlage bietet. Einige Bauteile sind aus meiner Sicht für diese Entwicklung am bedeutendsten und finden daher hier erneut eine Erwähnung.

Ich denke die Entwicklung der Sachraubendruckfeder zählt deutlich dazu. Auf dem Prinzip dieser Federart beruhen heute nicht nur fast alle gängigen Fahrzeuge im Pkw-Bereich, dieses Prinzip findet sich ebenso in dem Bereich der Kombination von Federn und Dämpfern wieder. Ohne die Entwicklung der Schraubendruckfeder, mit allen ihren unterschiedlichsten Ausformungen, wäre aus meiner eigenen Sicht die Fahrwerkstechnik heute nicht auf dem aktuellen hohen Niveau.

Als zweites wichtiges System sei an dieser Stelle der mit Öl gefüllte Schwingungsdämpfer genannt. Unterschiedslos, ob nun ein Einrohrdämpfer oder Zweirohrdämpfer. Diese Art des Schwingungsdämpfers ist im Automobilbau von zentraler Bedeutung.

Besonders im letzten Abschnitt wird deutlich, dass die neuen Entwicklungen von Fahrwerken in Zukunft mehr und mehr an Elektronik gekoppelt sein werden. Ein variables, komfortables sowie sicheres und vorausschauendes Fahrwerk ist das erklärte Ziel der Konstrukteure und Entwickler. Als Problem sehe ich hier jedoch, dass bei der zunehmenden Computertechnik im Fahrwerk, eine Lösung für den Fall eines Defekts der Elektronik im Fahrwerk gefunden werden muss.

Bis eine solche Lösung nicht real anwendbar existiert oder die Steuerteile noch nicht weiter ausgereift sind, werden wohl die in dieser Hausarbeit beschriebenen Arten von Federungen und Dämpfungen wohl vorerst nicht gänzlich aus der Fahrwerkstechnik verschwinden. Und das wie ich finde mit Recht.

Literaturverzeichnis

Braesser, Hans-Hermann/ Seiffert, Ulrich: *Vieweg Handbuch Kraftfahrzeugtechnik*, 2. Auflage, Friedr. Vieweg & Sohn Verlagsgesellschaft mbH, Braunschweig/ Wiesbaden, 2001

Heißing, Bernd/ Ersoy, Metin: *Fahrwerkhandbuch*, Friedr. Vieweg & Sohn Verlag, Wiesbaden, 2007

Henker, Erich: *Fahrwerktechnik*, Friedr. Vieweg & Sohn Verlagsgesellschaft mbH, Braunschweig/ Wiesbaden, 1993

Krettek, Otmar: *Federungs- und Dämpfungssysteme*, Friedr. Vieweg & Sohn Verlagsgesellschaft mbH, Braunschweig/ Wiesbaden, 1992

Meissner, Manfred/ Schorcht, Hans-Jürgen: *Metallfedern*, Springer-Verlag, Berlin/ Heidelberg, 1997

Meissner, Manfred/ Wanke, Klaus: *Handbuch Federn*, VEB Verlag Technik, Berlin, 1988

Reimpell, Jörnsen: *Fahrwerktechnik: Stoßdämpfer*, Vogel-Buchverlag, Würzburg, 1983

Reimpell, Jörnsen/ Betzler, Jürgen: *Fahrwerktechnik: Fahrwerk und Gesamtfahrzeug*, Vogel-Buchverlag, Würzburg, 2005

Verein Deutscher Ingenieure, VDI-Berichte 1791: *Reifen – Fahrwerk – Fahrbahn*, VDI Verlag GmbH, Düsseldorf, 2003

Wimmer, Jürgen: *Methoden zur ganzheitlichen Optimierung des Fahrwerks von Personenkraftwagen*, VDI Verlag GmbH, Düsseldorf, 1997